QUELLE & MEYER
BESTIMMUNGSKARTEN
im Set

Bäume und Sträucher

im Vergleich

QUELLE & MEYER VERLAG

Die Blätter heimischer und kultivierter Nadelgehölze

im Vergleich

QUELLE & MEYER
BESTIMMUNGSKARTEN

NADELBLÄTTER BÜSCHELIG

1. Berg-Kiefer
Pinus mugo

2. Wald-Kiefer
Pinus sylvestris

3. Schwarz-Kiefer
Pinus nigra

4. Strobe, Weymouth-Kiefer
Pinus strobus

5. Libanon-Zeder
Cedrus libani

6. Zirbel-Kiefer, Arve
Pinus cembra

7. Europäische Lärche
Larix decidua

8. Himalaya-Zeder
Cedrus deodora

BLÄTTER SCHUPPENFÖRMIG

9. Abendländischer Lebensbaum
Thuja occidentalis

10. Lawsons Scheinzypresse
Chamaecyparis lawsoniana

11. Virginischer Wacholder
Juniperus chinensis

12. Sadebaum
Juniperus sabina

13. Riesen-Lebensbaum
Thuja plicata

14. Riesen-Mammutbaum
Sequoiadendron giganteum

15. Chilenische Araukarie
Araucaria araucana

16. Morgenländischer Lebensbaum
Platycladus orientalis

NADELBLÄTTER EINZELN

25. Urweltmammutbaum
Metasequoia glyptostroboides

26. Wacholder
Juniperus communis

27. Weiß-Tanne
Abies alba

28. Colorado-Tanne
Abies concolor

29. Kanadische Hemlock
Tsuga canadensis

30. Gewöhnliche Fichte
Picea abies

17. Atlas-Zeder
Cedrus atlantica

18. Japanische Lärche
Larix kaempferi

19. Nordmann-Tanne
Abies nordmanniana

20. Serbische Fichte
Picea omorika

21. Douglasie
Pseudotsuga menziesii

22. Sitka-Fichte
Picea sitchensis

23. Eibe
Taxus baccata

24. Stech-Fichte
Picea pungens

Berg-Kiefer Foto: W. Willner

Bildnachweis:
Wolfgang Willner: 1, 5-7, 20, 23-26, 29, 30; Helmut Baumann: 3, 8, 9, 11-13, 17; Gisela Tubes: 10, 19, 21, 27; Peter A. Schmidt: 22 (Wikimedia Commons): Paul J. Morris 4, Willow 14, Sciadopitys 15, Josef Grunig 16, MPF 18, Crusier 28

Projektberatung und Zusammenstellung: Bruno P. Kremer

Weiterführende Literatur:
Lüder: Grundkurs Gehölzbestimmung (ISBN 978-3-494-01915-4)
Schmidt/Hecker: Die wildwachsenden und kultivierten Laub- und Nadelgehölze Mitteleuropas (ISBN 978-3-494-01800-3)

ISBN 978-3-494-01555-2
Best.-Nr.: 494-01555
www.quelle-meyer.de

9 783494 015552

QUELLE & MEYER BESTIMMUNGSKARTEN

QUELLE & MEYER
BESTIMMUNGSKARTEN

Bäume und Sträucher im Set, bestehend aus den Bestimmungskarten:

Die Knospen heimischer Laubgehölze
Die Blüten heimischer Laubgehölze
Die Zapfen heimischer und kultivierter Nadelgehölze
Die Früchte heimischer und kultivierter Laubgehölze
Die Blätter heimischer und kultivierter Laubsträucher
Die Blätter heimischer und kultivierter Nadelgehölze
Die Blätter heimischer und kultivierter Laubbäume
Die Rinden heimischer und kultivierter Laub- und Nadelbäume

Industriepark 3, 56291 Wiebelsheim

Druck: Zimmermann Druck + Verlag GmbH, Balve

ISBN 978-3-494-01981-9
Best.-Nr.: 494-01981
www.quelle-meyer.de

9 783494 019819